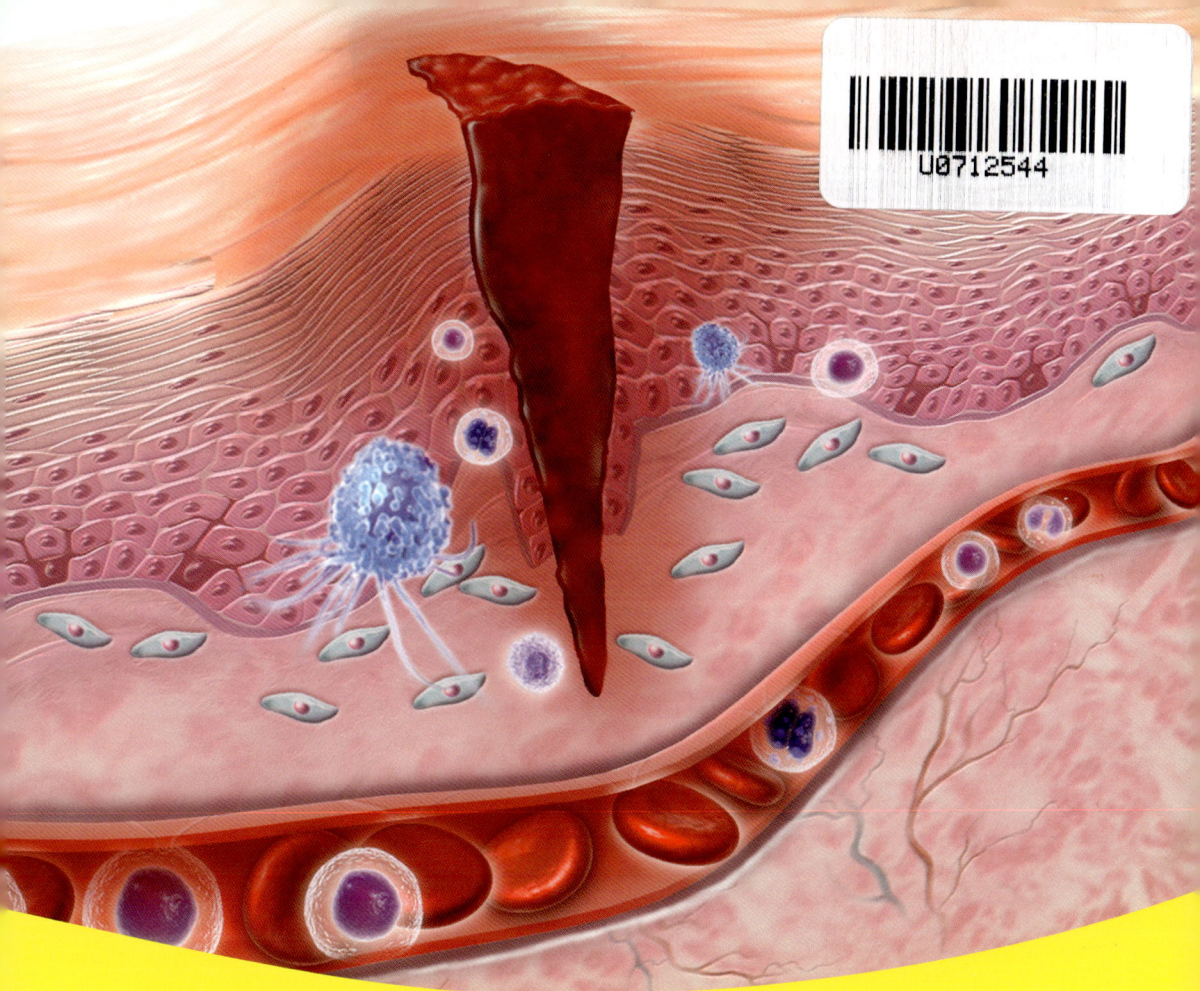

Discovery Education 探索·科学百科（中阶）

2级D1 细菌与疾病

全国优秀出版社
全国百佳图书出版单位

广东教育出版社 学乐

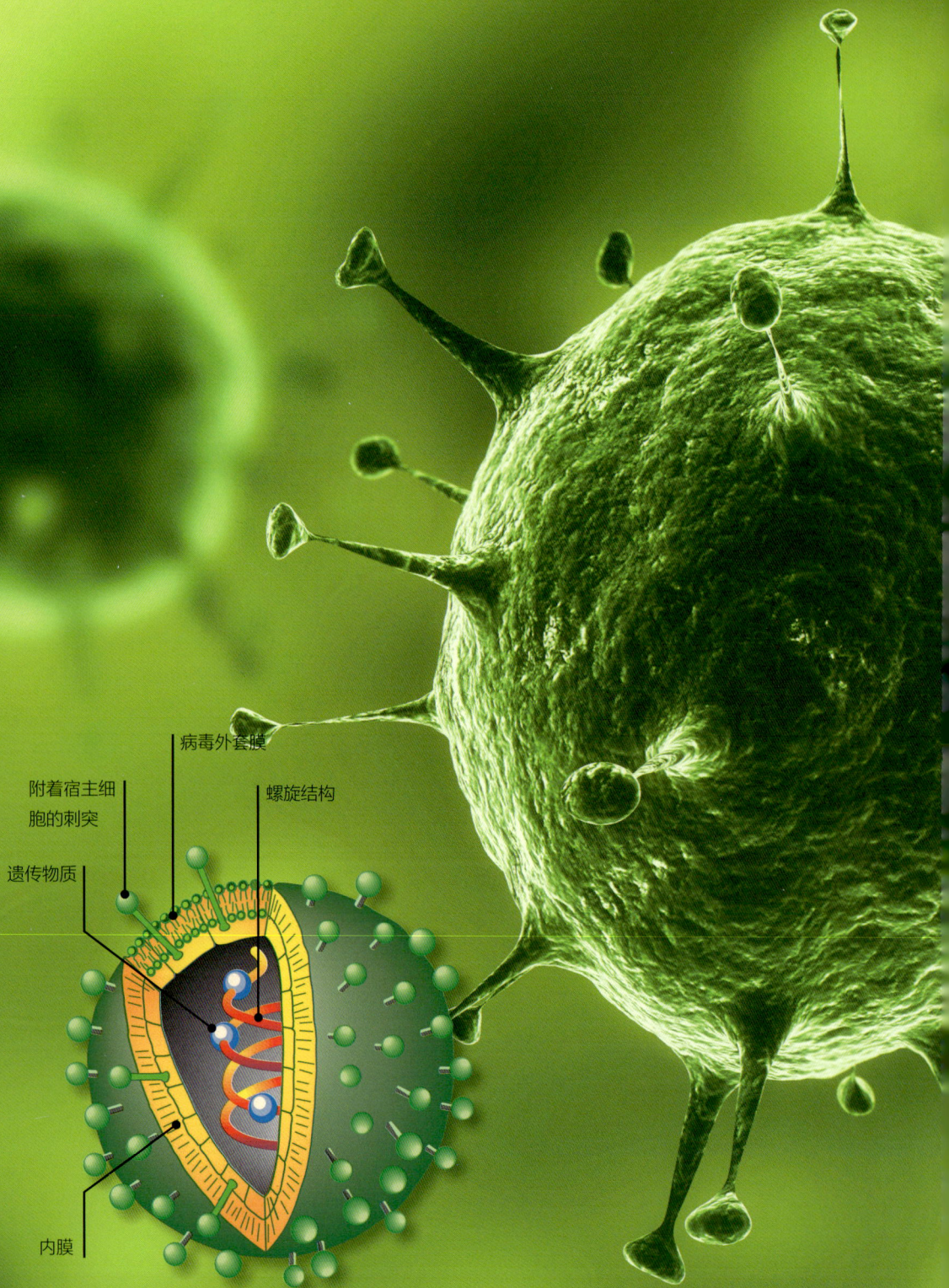

病毒外套膜

附着宿主细
胞的刺突

螺旋结构

遗传物质

内膜

中国少年儿童科学普及阅读文库

探索·科学百科 中阶 ™

细菌与疾病

[澳]爱德华·克洛斯⊙著

简桦(学乐·译言)⊙译

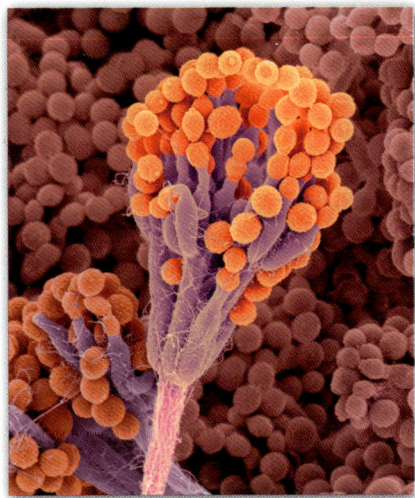

中国少年儿童科学普及阅读文库
TANSUO
KEXUEBAIKE
★★★★★
2级D1
探索·科学百科

Discovery
EDUCATION ™

全国优秀出版社
全国百佳图书出版单位
广东教育出版社 学乐

广东省版权局著作权合同登记号
图字：19-2011-097号

本书原由 Weldon Owen Pty Ltd 以书名 *DISCOVERY EDUCATION SERIES · Germ Warfare*

（ISBN 978-1-74252-178-7）出版，经由北京学乐图书有限公司取得中文简体字版权，授权广东教育出版社仅在中国内地出版发行。

图书在版编目（CIP）数据

Discovery Education探索·科学百科.中阶.2级.D1，细菌与疾病/［澳］爱德华·克洛斯著；简桦（学乐·译言）译. —广州：广东教育出版社，2014.1

（中国少年儿童科学普及阅读文库）

ISBN 978-7-5406-9304-6

Ⅰ.①D… Ⅱ.①爱… ②简… Ⅲ.①科学知识—科普读物 ②病毒病—防治—少儿读物 Ⅳ.①Z228.1 ②R511-49

中国版本图书馆 CIP 数据核字(2012)第153409号

Discovery Education探索·科学百科（中阶）
2级D1 细菌与疾病
著 ［澳］爱德华·克洛斯　　译 简桦（学乐·译言）

责任编辑 张宏宇 李 玲 丘雪莹　　**助理编辑** 胡 华 于银丽　　**装帧设计** 李开福 袁 尹

出版 广东教育出版社

　　地址： 广州市环市东路472号12-15楼　　**邮编：** 510075　　**网址：** http://www.gjs.cn

经销 广东新华发行集团股份有限公司　　　　　　**印刷** 北京顺诚彩色印刷有限公司

开本 170毫米×220毫米　16开　　　　　　　　　**印张** 2　　　　　**字数** 25.5千字

版次 2016年5月第1版　第2次印刷　　　　　　　**装别** 平装

　　　　　　　　ISBN 978-7-5406-9304-6　　**定价** 8.00元

内容及质量服务 广东教育出版社 北京综合出版中心

　　　　　　电话 010-68910906 68910806　　**网址** http://www.scholarjoy.com

质量监督电话 010-68910906 020-87613102　　**购书咨询电话** 020-87621848 010-68910906

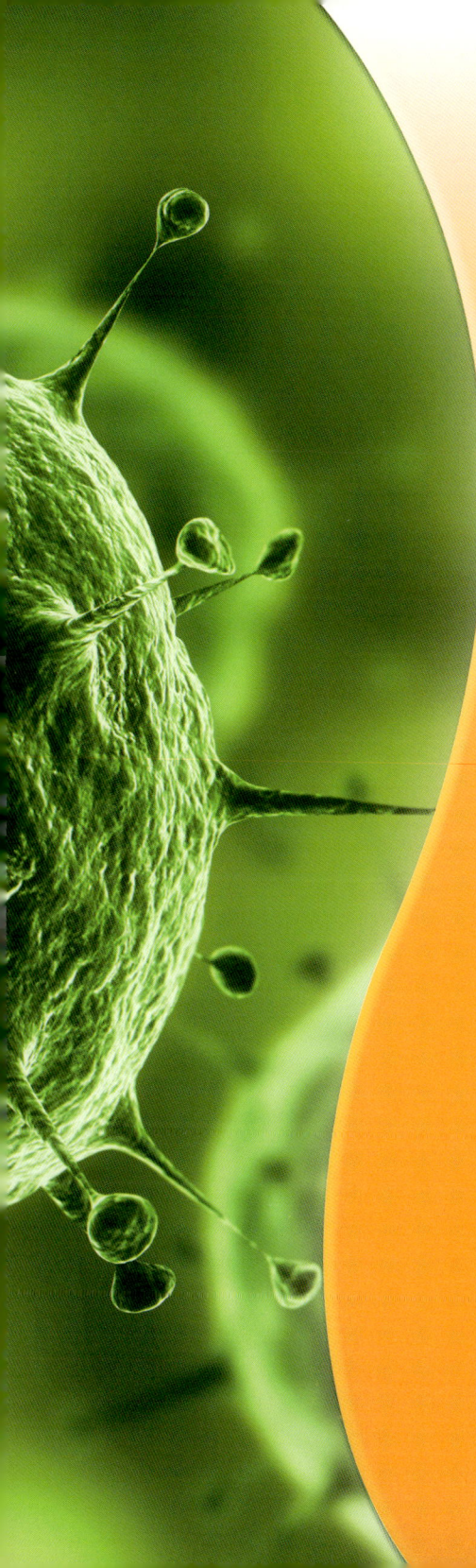

目录 | Contents

发现细菌

数千年来，人们一直想知道疾病是如何在人与人之间传播的。许多人曾经一度相信，是神灵的力量治愈了疾病。直到 19 世纪，法国科学家路易斯·巴斯德发现是一些微生物和病原菌导致疾病的产生。他告诉医生们他的实验和发现，并建议医院将手术室和手术器械进行消毒以防止疾病的传播。

早期诊断

如今，医生们可以比过去提前很长时间诊断出疾病。100 年以前的那些致命疾病，现在很多都可以治愈。定期进行医疗体检有助于你和你的家人保持身体的健康。

全副武装

2009 年亚洲暴发猪流感（H1N1），人们戴着保护面罩以预防疾病传播。猪流感是一种传染性极强的疾病，面罩可以大大减少人们从空气中吸入的病菌数量。

使用显微镜

　　1674 年，荷兰人安东尼·范·列文虎克制作出了第一台显微镜，并成为世界上第一个观察到细菌的人。现在，科学家使用显微镜对微生物进行研究，寻找治疗疾病的办法。

如何阻止病菌的传播

　　当人们在周围环境中接触到致病细菌，可能仅仅通过眼、鼻、口的接触，便很轻易地感染得病。通常，被感染者周围的接触者也会在一定时间内被传染上疾病。因此，保持卫生洁净和健康是阻止病菌传播的有效办法。

勤洗手

　　认真洗手是防止疾病传播的首要方法，也是最简单的方法。

常锻炼

　　要多锻炼身体。一个健康的体魄会让我们的身体更强壮，能更好地与病菌作斗争。

与细菌战斗

你看不见细菌，但是它们无处不在。世界上有数百万种细菌，其中只有不到 1% 的细菌对人类有害，导致疾病。而其余大多数被我们称作有益菌，可以帮助我们保持身体的健康，分解食物，回收利用机体的代谢废物。另外，科学家们还利用细菌来研制药物和疫苗，用于感染和疾病的治疗。

炎症反应

当你不小心切到或划破皮肤的时候，有害的细菌就很容易感染伤口。这时我们的身体会自动下令让血液中的白细胞向感染区域聚集汇合，抵御感染，伤口处开始发红、肿胀、疼痛，这便是我们所说的炎症反应。

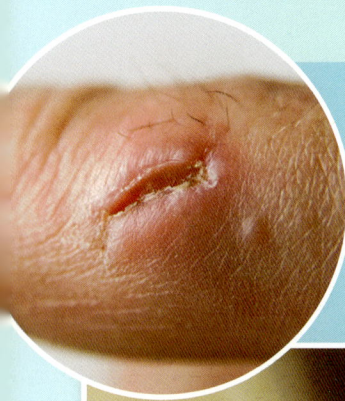

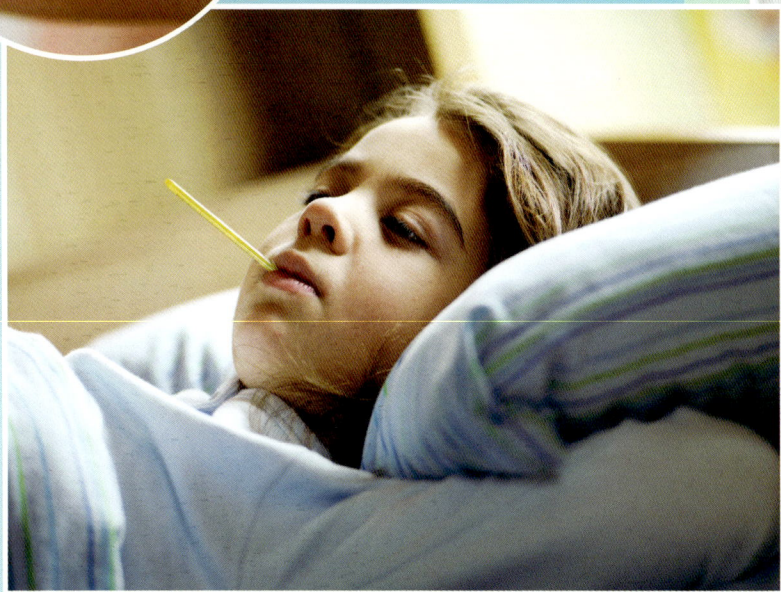

细菌感染的征兆

当细菌感染发生时，身体会出现一系列相应症状。体温开始上升，伤口开始变得红肿。细菌感染在咽喉、胃部以及耳部最为常见。

科学家们的工作

在实验室合适的条件下，细菌可以迅速地生长。科学家们使用特殊的培养皿培养数以千计的细菌，用这些细菌进行实验，记录结果。科学家们利用这些研究结果，能更好地了解细菌是如何生长和生存的。

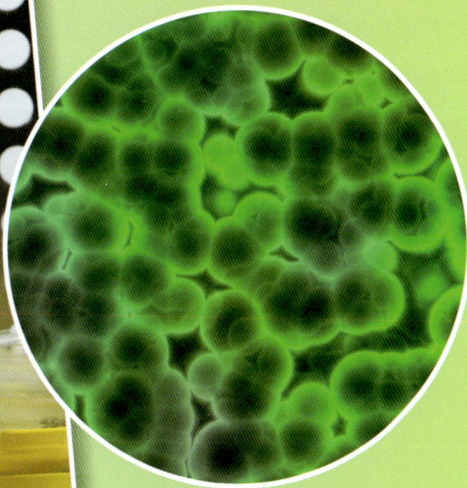

显微镜下的观察

细菌是如此之小，以至于我们要用微米（1微米 =0.000 001 米）单位来记录大小。科学家必须用显微镜才能观察到它们。细菌细胞的最外层叫做细胞壁，而细胞内部柔软的胶状物质叫做细胞质。

不可思议！

不同的细菌有着不同的形状，它们有的呈圆形，有的呈椭圆形，有的呈杆状，甚至是螺旋状。很多细菌还附有细丝和刺突。

病毒

感冒、水痘和麻疹等常见的疾病都是由于病毒侵入人体导致的。病毒是一种极小的微生物，必须用高级的电子显微镜才能观察到。病毒自身在细胞外不能存活很久，必须寄生在生物体细胞内，比如动物和植物的细胞。它们通过自我复制进行繁殖，之后可以传播并感染更多的细胞，导致宿主，比如我们人类，感染疾病。

显微镜下的病毒

这是病毒在电子显微镜下的模样。电子显微镜是一种有力的实验工具，它通过向目标样品发射电子，将样品放大到 25 万倍。可以说，没有电子显微镜，科学家们就不可能对病毒这样的微小物质进行研究。

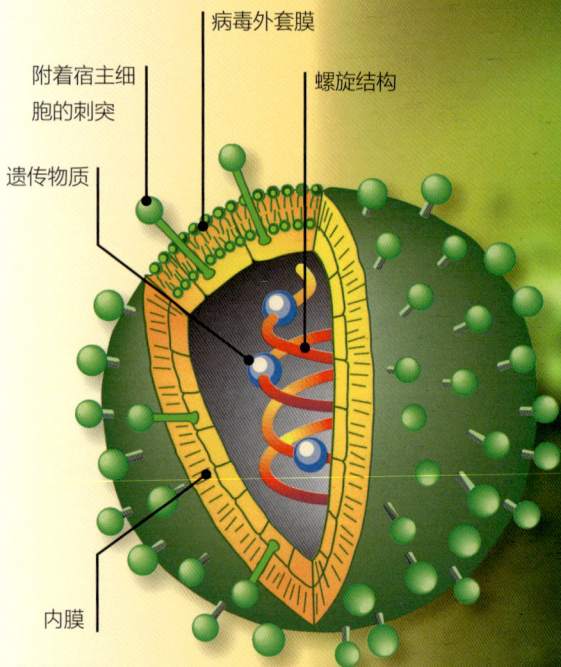

附着宿主细胞的刺突

病毒外套膜

螺旋结构

遗传物质

内膜

病毒内部

这是引起感冒和流感的 A 型流感病毒。当病毒侵入细胞后，它能够欺骗宿主细胞，实现自我复制，从而制造更多的病毒。随着病毒在身体内的传播，细胞会受损或死亡。

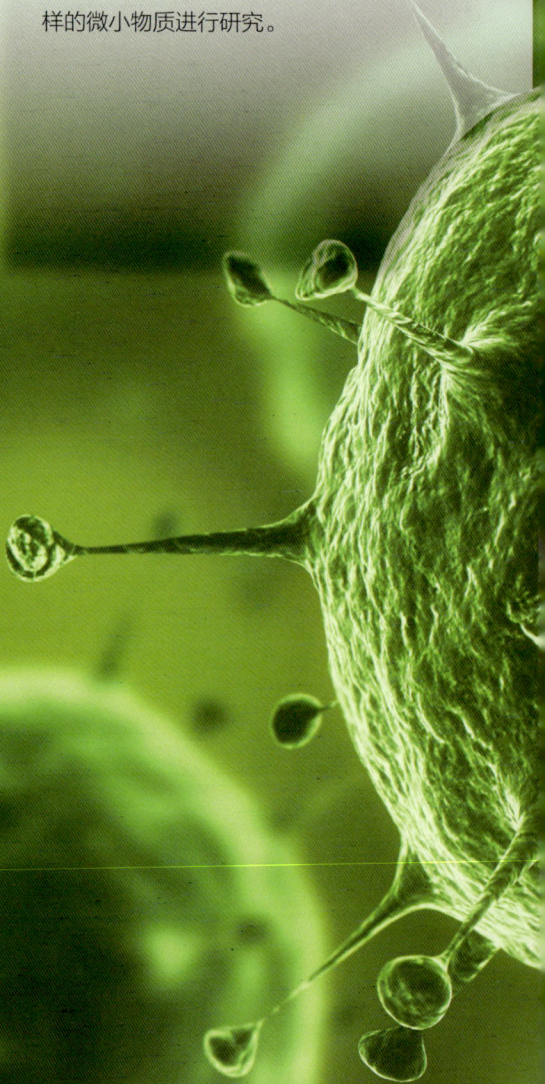

病毒感染的症状

　　我们的身体在与病毒斗争的过程中，会显示一系列症状，包括咳嗽、咽喉疼痛、头痛、体温升高等迹象。图中的孩子患有病毒感染引起的结膜炎，眼睛伴有疼痛红肿。

你知道吗？

　　当你得了感冒，流鼻涕、打喷嚏时，其实这是你的身体正在和病毒进行战斗，将它们从你的鼻子和喉咙中清除。

物理屏障

我们生活的环境里充满了细菌和病毒。身体的物理屏障是抵御外界微生物感染的重要手段。皮肤、黏膜分泌的黏液、泪液、耳垢、胃酸和尿液，都属于物理屏障，可以阻止外部的细菌感染。皮肤作为第一道防线，将外界大部分危险的微生物与身体隔离开。气管、膀胱和消化道与体内发生的感染作斗争。

人体

我们的身体就像一部精密的仪器，由上百万个零部件组成，使新陈代谢得以运行。成年人体内拥有约 260 亿个脑细胞、650 块肌肉、206 块骨头以及众多其他的组成部分。它们在一起协同工作，让人体各个功能正确有效地运行。

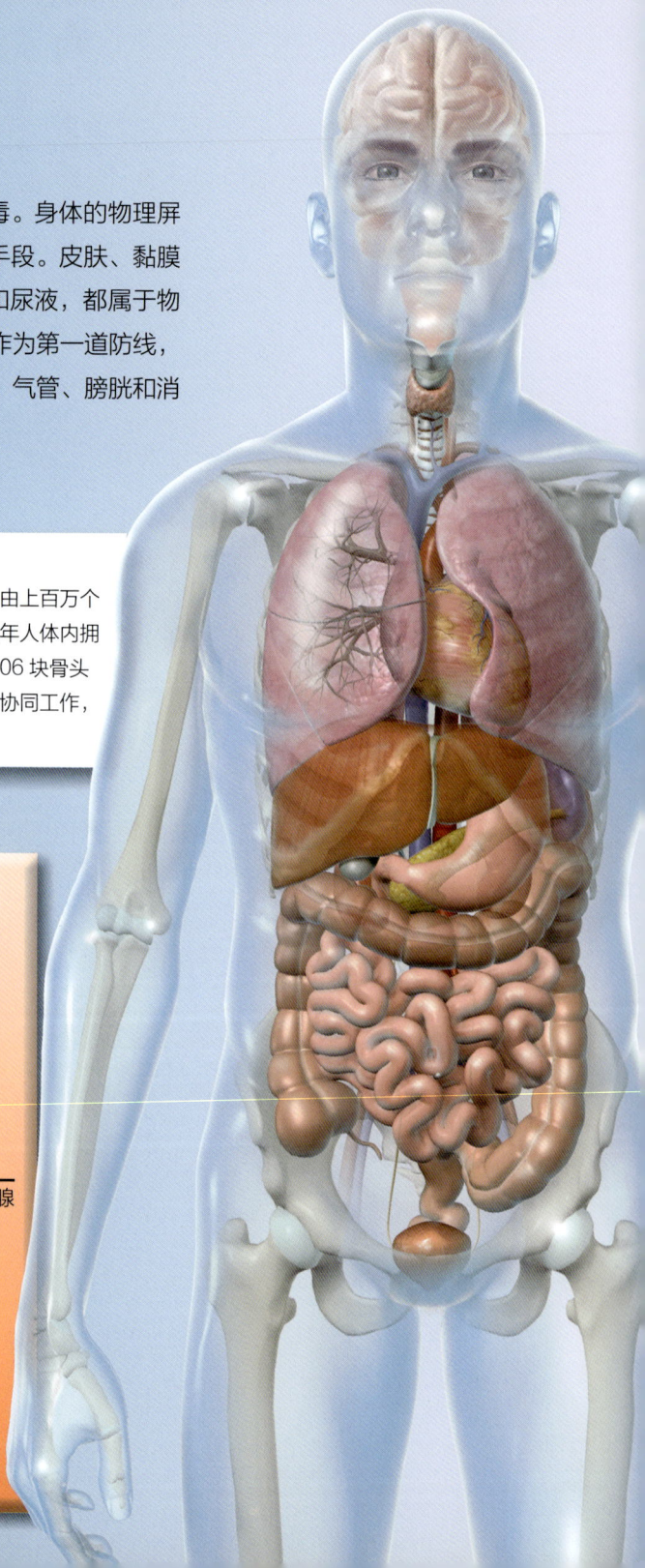

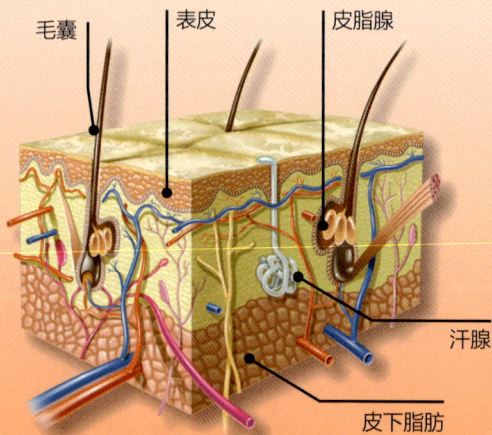

毛囊　　表皮　　皮脂腺

汗腺

皮下脂肪

皮肤

皮肤是人体最大也是最重的器官。皮肤分为很多层，是抵御外界病菌侵害的屏障。但当皮肤破损，比如割破或者烧伤时，病菌可能会趁机进入伤口，发生感染。

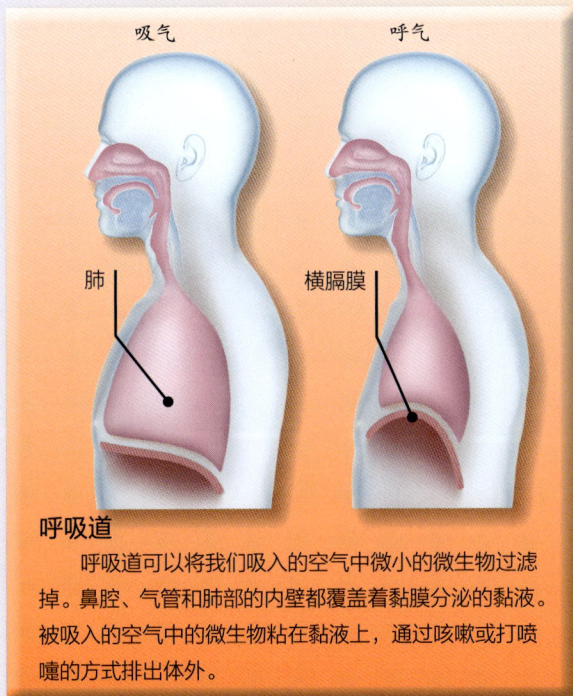

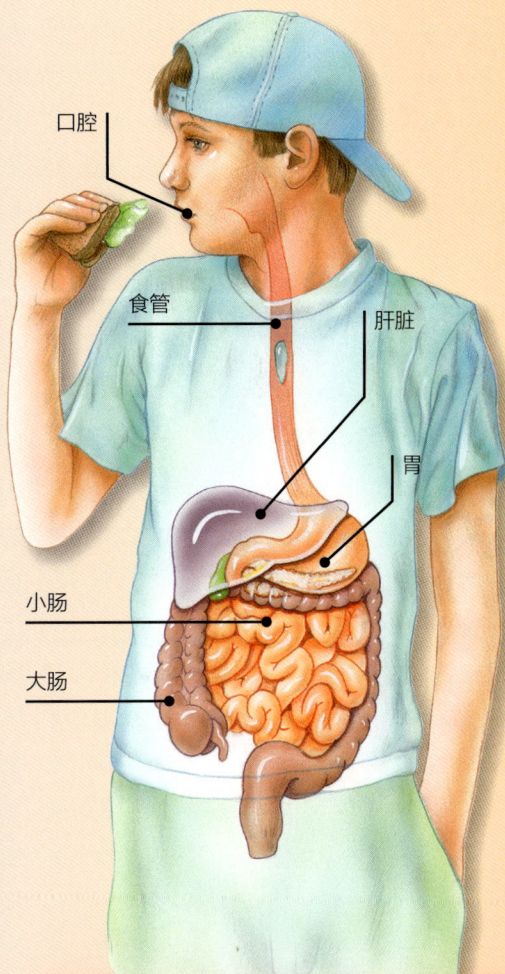

吸气　　　　　　　呼气

肺　　　　　　横膈膜

口腔

食管

肝脏

胃

小肠

大肠

呼吸道

呼吸道可以将我们吸入的空气中微小的微生物过滤掉。鼻腔、气管和肺部的内壁都覆盖着黏膜分泌的黏液。被吸入的空气中的微生物粘在黏液上，通过咳嗽或打喷嚏的方式排出体外。

肾脏

膀胱

男性膀胱

尿道

女性膀胱

泌尿系统

泌尿系统可以将体内的代谢废物排出。肾脏通过过滤功能将血液变得纯净。尿道阻止细菌进入膀胱。当你排尿时，膀胱将储积的含有代谢废物的尿液排出身体，有助于防止疾病的发生。

消化道

消化道有着各种不同的屏障防止感染发生。胰腺酶、胃酸、胆汁分解进入消化道的食物废料，肠道收缩运动，通过排便将多余的细胞排出，帮助清除有害微生物。

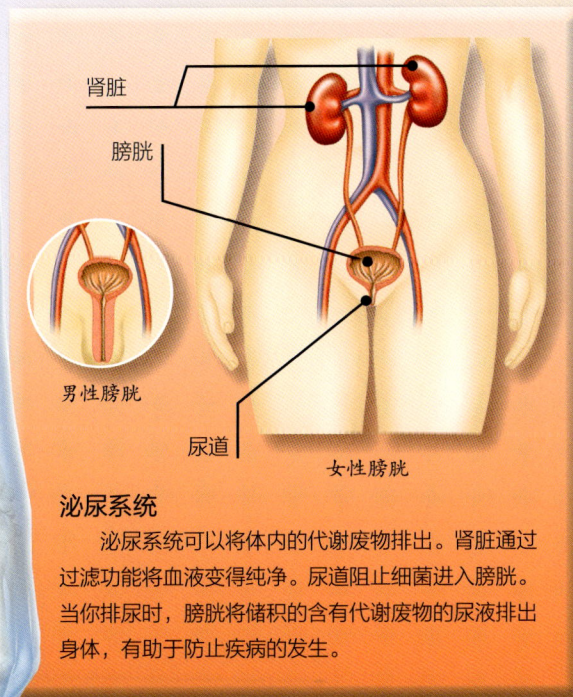

免疫系统的反击

免疫系统是我们的身体防止微生物感染的有力防御武器。免疫系统向入侵我们机体的致病微生物和物质发起进攻。整个系统由许多细胞、组织和器官组成严密的网络，互相协同作用，对抗感染，保护我们的身体。免疫系统为保护人类的健康做出了了不起的贡献。不过有时免疫系统也会出现问题，那将带来一系列疾病和感染。

免疫系统

免疫系统产生的一些化学物质，会向入侵身体的微生物发起进攻。T 细胞识别并杀死侵入的微生物；抗体会先接触并依附在微生物上，之后杀死微生物；抗体也会协同其他化学物质瞄准并杀死微生物。

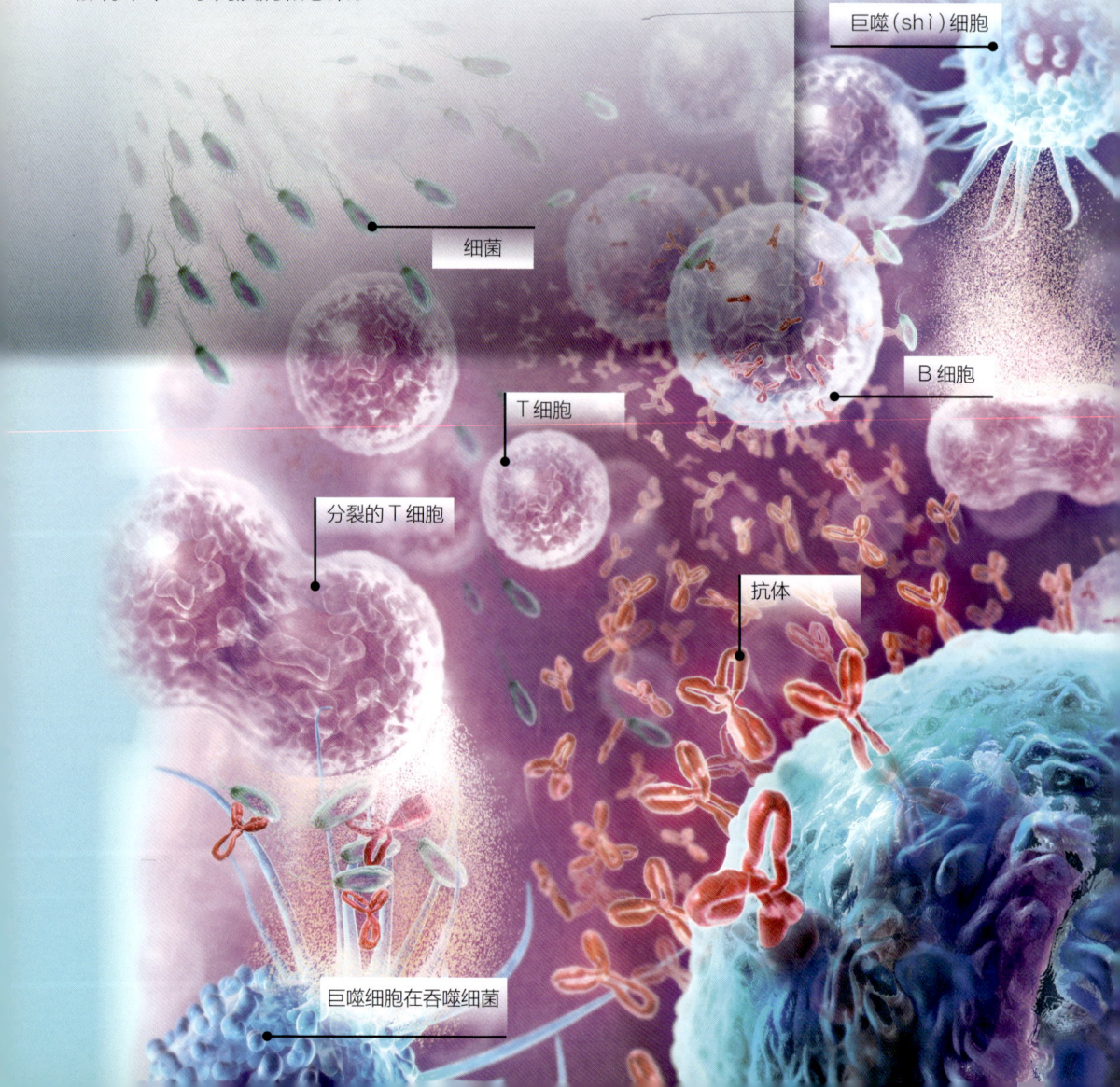

巨噬(shì)细胞

细菌

B 细胞

T 细胞

分裂的 T 细胞

抗体

巨噬细胞在吞噬细菌

扁桃体

颈部淋巴结

右淋巴管

胸腺

腋下淋巴结

胸导管

脾脏

乳糜（mí）管

淋巴集结
（派尔氏淋巴结）

阑尾

人类淋巴系统

在我们身体中，有一个广泛分布的淋巴管系统，贯穿很多器官，作为一个防御系统发挥防卫作用。血液中的白细胞拦截住有害的微生物并激活免疫系统。

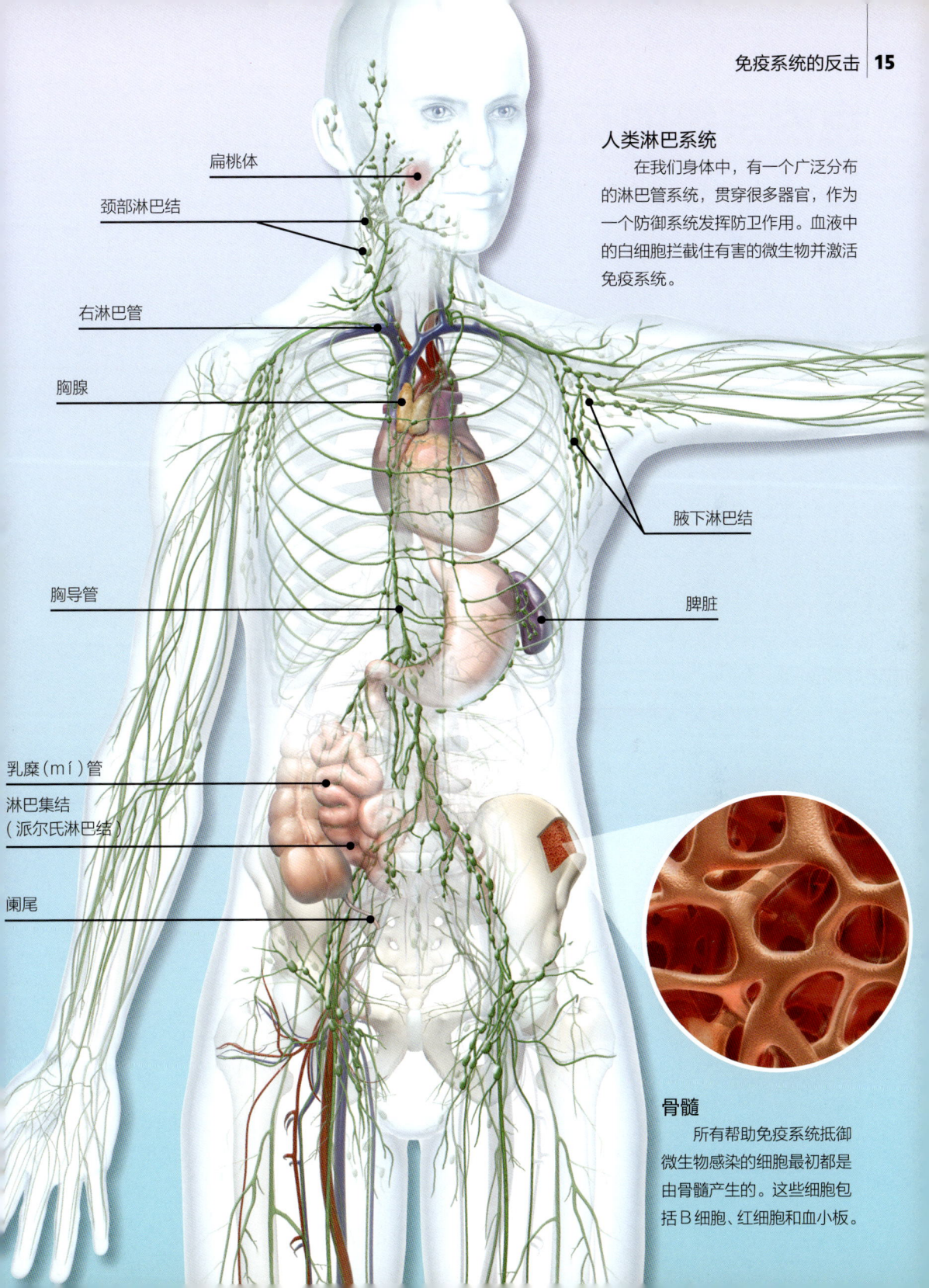

骨髓

所有帮助免疫系统抵御微生物感染的细胞最初都是由骨髓产生的。这些细胞包括B细胞、红细胞和血小板。

机体反应

身 体中任何一处组织受损，我们的身体都会立即开始修复受损部位。当皮肤被割破或撕裂之后，炎症反应会激起防御性的血细胞和蛋白质形成血凝块，以止血和阻止微生物的侵袭。受损的组织开始再生过程，血管开始缓慢地向伤口愈合处的细胞输送血液。

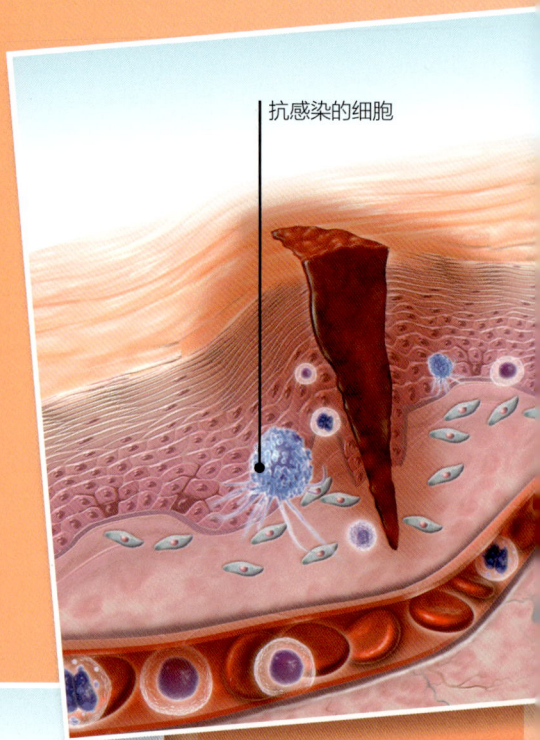

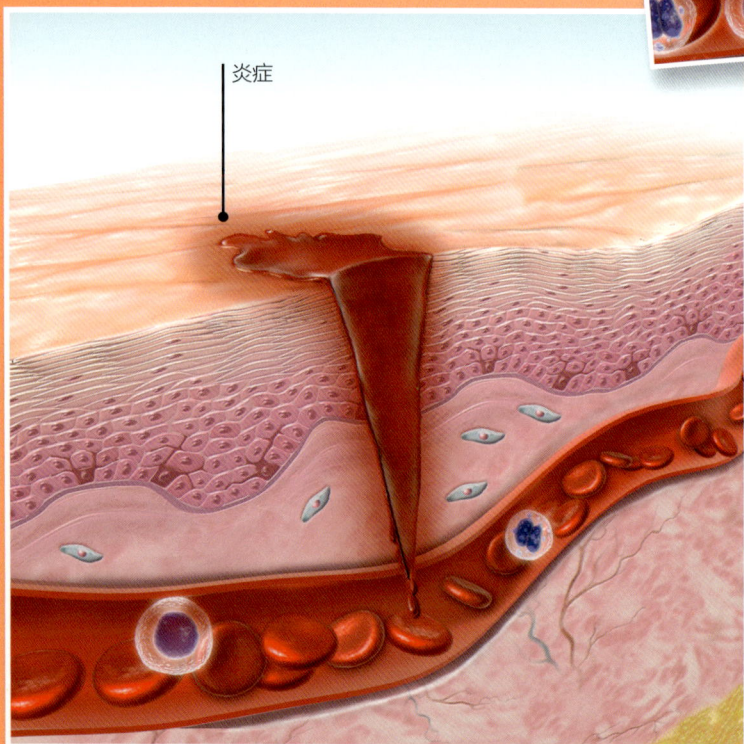

抗感染的细胞

炎症

2. 形成凝块

出血伤口释放一系列化学物质，将抗感染细胞吸引到损伤区域，并激发血凝块的形成。这些血凝块可以阻止伤口流血，并开始伤口的愈合进程。

1. 组织损伤

当你割破或撕裂皮肤的时候，易传染的微生物就有可能通过伤口进入体内，从而造成感染和疾病。受伤部位会出现红肿等炎症反应。

炎症反应的四个主要症状是红、热、肿、痛。这些症状是由炎症部位血流速度改变造成的。

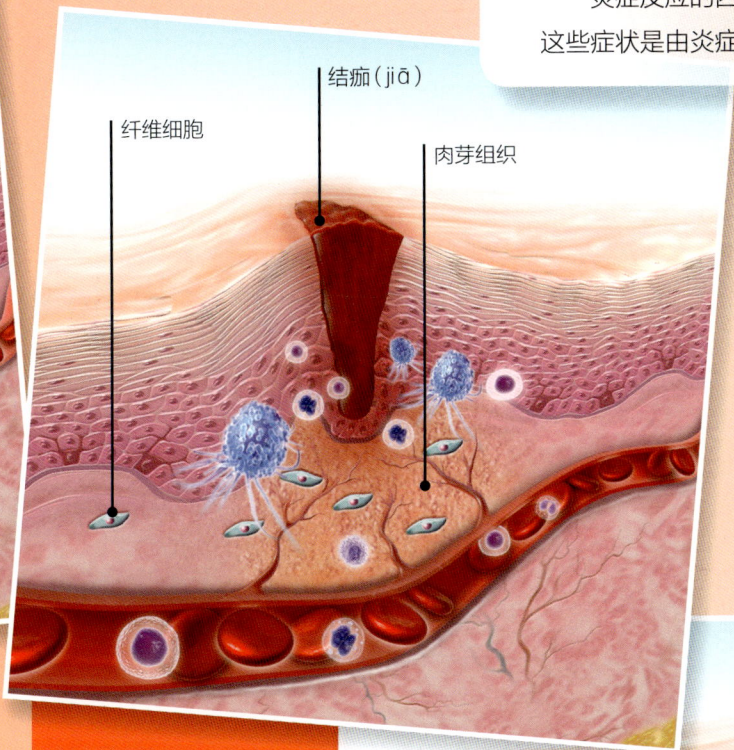

纤维细胞

结痂（jiā）

肉芽组织

炎症反应

炎症反应让伤口处的血流加快，血管扩张，管壁细胞出现大的空隙，这样血液中体积较大的细胞可以通过。血流越快，到达伤口的抗感染细胞就越多，免疫反应就越强。

结痂脱落

3. 结痂

纤维细胞产生了胶原蛋白，随着血液迁移到出血的伤口处。胶原蛋白可以生成一层肉芽组织，逐渐形成痂皮。

4. 愈合

在伤口所结的痂之下，新生皮肤渐渐长成。一两个星期后，痂皮自然脱落。在原先的伤口处，可以看到再生的淡粉色的皮肤，而多余的胶原蛋白可能会逐渐形成疤痕。

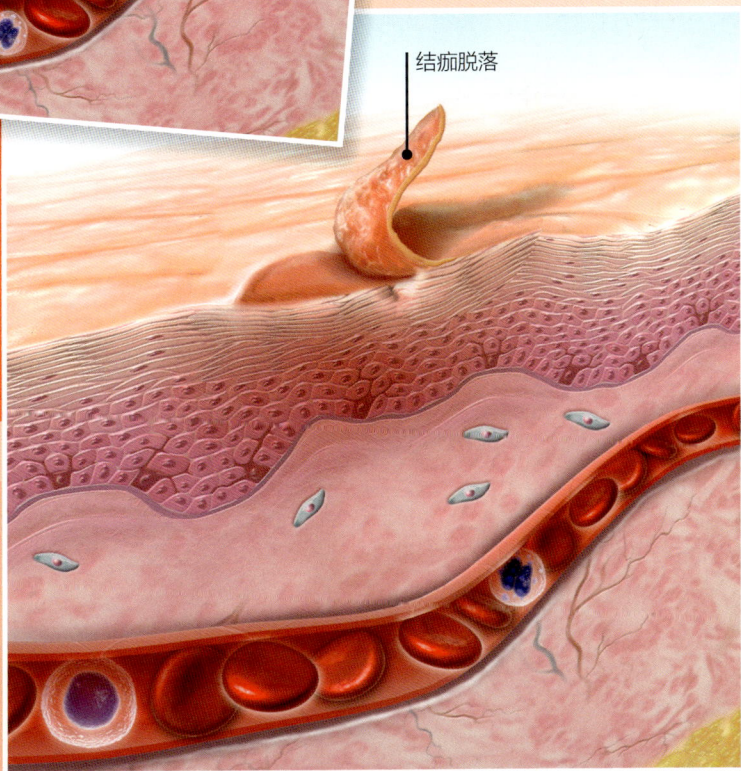

血液

组成我们免疫系统的细胞叫做白细胞，主要存在于淋巴结等处，它们由骨髓中的干细胞发育而来。白细胞分为几种不同的类型，它们共同作用，找到并消灭入侵体内的细菌和病毒。其中，巨噬细胞吞噬并消灭病菌；而淋巴细胞产生的抗体，可以将病菌"抓住"并摧毁。

动脉

动脉的血管壁富有弹性，因此具有超高的强度。

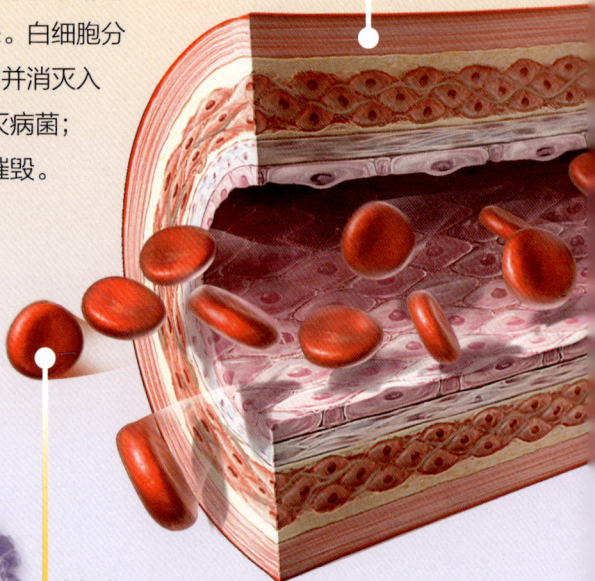

血细胞

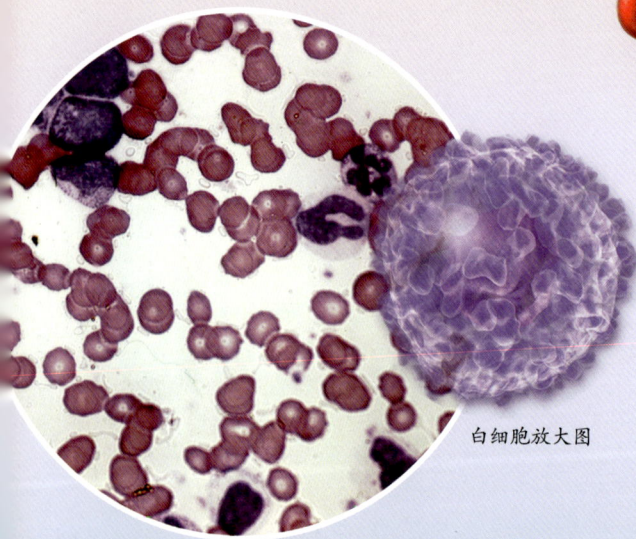

白细胞放大图

白细胞

作为免疫系统的"主力军"，白细胞一旦检测到感染身体的病原微生物后，会立刻识别它们，并作出反应。它们激发 B 细胞产生抗体，锁定微生物，从而消灭它们。之后抗体会继续留在体内，准备好下一次的战斗。

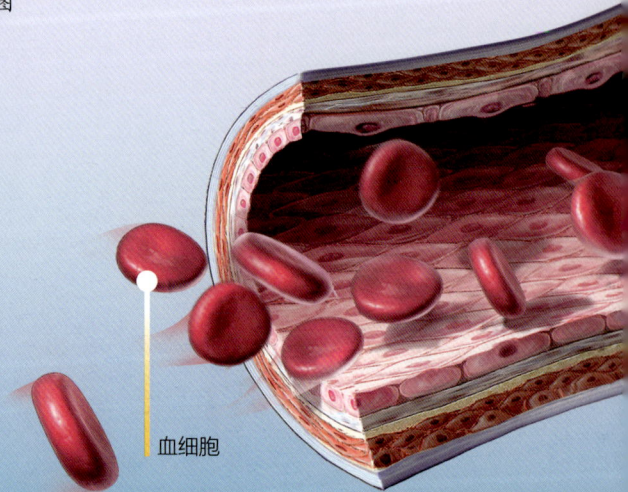

血细胞

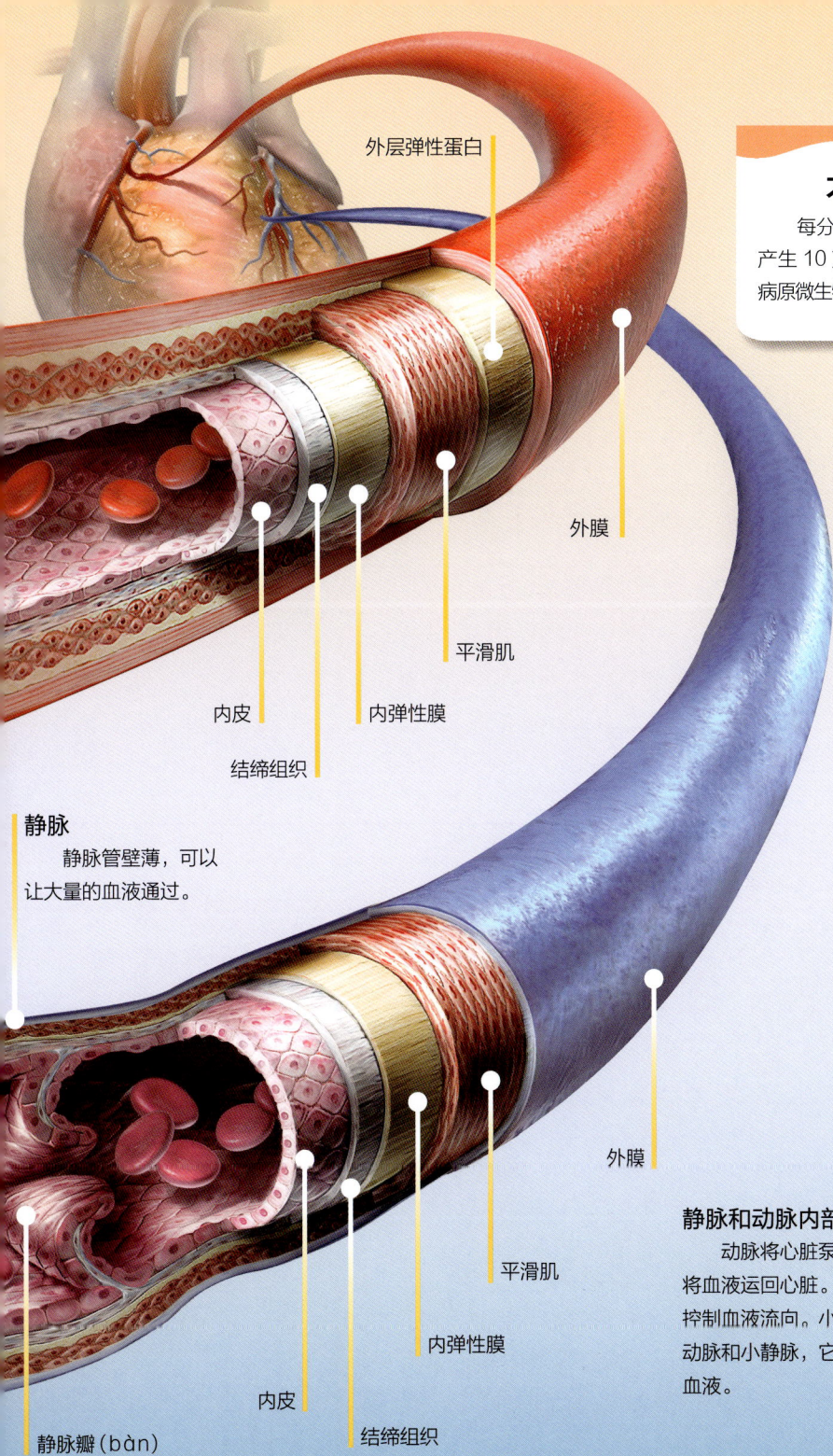

外层弹性蛋白

外膜

平滑肌

内皮

内弹性膜

结缔组织

静脉
静脉管壁薄，可以让大量的血液通过。

外膜

平滑肌

内弹性膜

内皮

结缔组织

静脉瓣（bàn）

静脉和动脉内部
动脉将心脏泵出的血液运出，而静脉将血液运回心脏。心脏内的各种瓣膜可以控制血液流向。小血管包括毛细血管、小动脉和小静脉，它们负责在身体各处运输血液。

发热

身体对受伤和感染的一个重要反应是发热，即体温升高。人体体温的正常值在 37℃左右。但是当有害的微生物进入体内后，特殊的化学物质会使体温上升 1~2 度。更高的温度一方面杀死很多细菌，另一方面使抵御感染的细胞分裂，让它们更有力地消灭残留的有害微生物。

检查体温

人们用体温计测量体温来诊断是否发热。如果体温持续数天高于平均值，请尽早去医院。发热的同时还会伴随着其他的症状，如疲倦、嗜睡、发抖和恶心等。

黄热病

每年全球大约有 20 万人感染上黄热病。病情严重的病人，会出现疲倦、虚弱的症状，心跳减速，皮肤出血。目前还没有针对黄热病有效的治疗办法，每年大约有 3 万人死于黄热病，其中 90% 的病例出现在非洲。

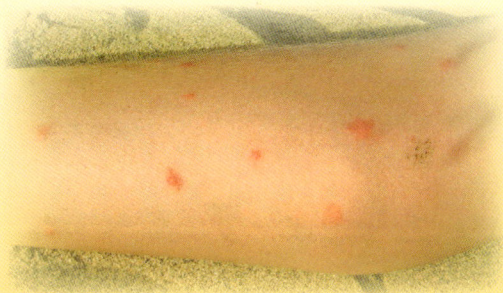

蚊子

雌性蚊子传播疾病。它们叮咬已经被感染的病人，之后再叮咬其他人，于是疾病在人群中传播开来。

你知道吗？

某些疾病，例如疟疾，只在某些国家和地区经常出现。因此，如果病人最近出国旅行过，那么曾经到达过的目的地有可能就是传染病的来源地。

发热的原因

发热最常见的原因是身体出现感染，例如伤风、流行性感冒。有时病人受伤或者对抗生素出现不良反应时也会发热。大部分发热持续不到两天，并且一般情况下都可以得到有效治疗。

过敏反应

当我们的身体接触到某些一般情况下可以忽略的无害物质，而免疫系统却产生了过于强烈的反应，从而带来对身体的损伤时，这种情况叫做过敏反应。虽然免疫系统的职责是击退入侵机体的细菌和病毒，但有时会把不致病的物质，比如灰尘、霉菌或花粉识别为致病的微生物。于是免疫系统对它们发起进攻，这时我们也同样会出现身体不适。

有毒的植物

很多植物是有毒的，并会导致严重的过敏反应。尽管大部分都不会造成长期的伤害，但最好还是了解自己对哪些植物会有过敏反应，这样可以尽量避免接触。

过敏反应

人们产生过敏反应的原因，与家族遗传、性别和年龄都有关。另外还有环境因素的影响，其中包括污染、饮食、接触到过敏源物质。

蜜蜂叮咬

注入性过敏

常见于蜜蜂、马蜂、黄蜂等昆虫的叮咬。大多数人会在叮咬的位置出现痛、肿、红、痒的症状。

海鲜　　　　花生

食入性过敏

一部分人会对某些食物产生过敏反应，比如坚果、海鲜和牛奶制品，主要症状有呕吐、浮肿、皮疹或者荨麻疹。

花粉热

过敏人群吸入花粉或者灰尘后，鼻腔出现肿胀、鼻塞，这是轻微的过敏性花粉热。预防花粉热最好的办法，就是避免接触花粉等过敏源。适当的药物治疗可以减轻过敏症状。

动物皮毛

乳胶手套

有毒植物

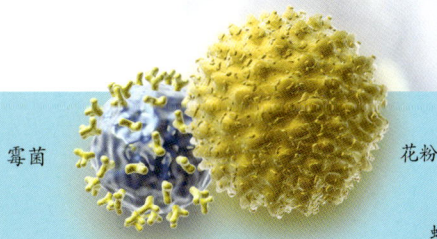

霉菌　　　　　　　　　　花粉

螨虫

接触性过敏

皮肤发痒或发疹的过敏反应有很多种。有的人皮肤在与过敏源物质接触数分钟之后就出现荨麻疹。一些化妆品和染发剂中的化学物质，也会成为过敏源。

吸入性过敏

吸入空气中的灰尘、花粉或者霉菌也会引起一些人的过敏反应。鼻子和眼睛伴随着身体的反应会产生肿胀和不适，诸如打喷嚏、流鼻涕、眼睛发痒等。

全球最致命疾病

千百年来，人类不得不与爆发的众多致命性疾病斗争并战胜它们。对于其中一些疾病，科学家已经找到了有效的治疗方法，例如鼠疫和天花。但是像疟疾以及艾滋病（HIV 病毒引起）这样的疾病依然每年夺取数百万人的生命，并肆虐至今。下面将介绍人类历史上有记载的最为致命的一些疾病。

鼠疫

即广为流传的所谓"黑死病"，在 14 世纪和 18 世纪曾经两次大爆发。据估计，当时欧洲有近三分之一的人死于"黑死病"，全球死于此病的人数高达 7 500 万人。

西班牙流感

这种西班牙流行性感冒，被认为是人类历史上最为致命的传染病。据估计，在 1918 年至 1919 年的短短 6 个月内，疫情在世界范围内造成 5 000 万到 1 亿人死亡，感染击倒了当时 10% 的青壮年。

疟疾

疟疾，这种由蚊子携带传播的传染病，是人类历史上所有时代都出现过的独一无二的严重疾病。估计全球每年死于疟疾的人口在 270 万人左右。它在非洲、亚洲及美洲的热带和亚热带地区广泛传播。

艾滋病

即获得性免疫缺陷综合症，病原体是 HIV 病毒。这种病毒可以破坏人体的免疫系统，使得人因自身免疫力下降而感染其他疾病，最后死亡。自 1981 年以来，全世界死于艾滋病的人已超过 2 500 万。

天花

　　具有极强传染力的天花病毒只感染人类。在 18 世纪，天花在欧洲夺取了近 6 000 万人的生命，其中还包括 5 位君王。在 19 世纪的美洲大陆，约 90% 的美洲土著死于天花。

霍乱

　　这是一种由细菌感染引起的致命疾病，患者会出现严重的腹泻和呕吐症状。大部分情况下，人们由于饮用被污染的水而得病。自 1991 年以来，超过 12 000 人死于霍乱，疫情主要出现在非洲的贫困地区。

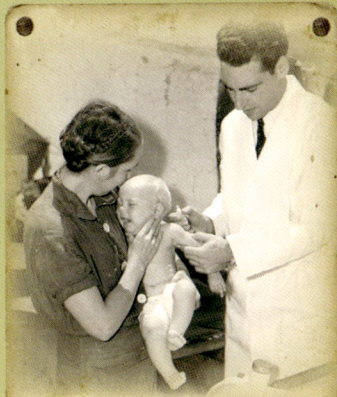

伤寒

　　伤寒通过被有害细菌污染的水和食物传播，但是随着卫生条件的改善，伤寒在很大程度上已经被清除。2004 年和 2005 年，伤寒在刚果民主共和国爆发，约 42 000 人被感染，其中超过 200 人丧生。

普通流感

　　发热、喉痛、头疼、流鼻涕，这些都是普通流感的症状。不过在一些严重的病例中，特别是儿童和老年患者，普通流感也会导致肺炎，具有致命性。在美国，每年大约 36 000 人死于流感。

脊髓灰质炎

　　即小儿麻痹症，这种急性病毒感染性疾病会导致肌肉萎缩和瘫痪，严重时会导致死亡。尽管 1955 年发明的疫苗使这种疾病在美国几乎消失，但是在众多发展中国家，这种疾病依然存在。

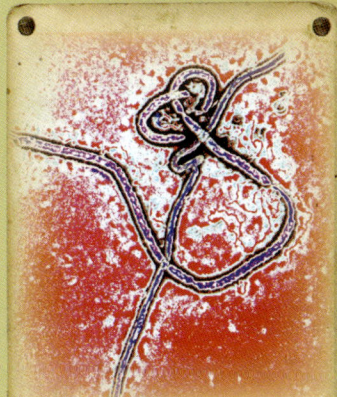

埃博拉病毒

　　自 2000 年以来，这种致命病毒已经在非洲夺取了超过 16 万人的生命。在非洲中部热带雨林中，它也是导致很多大猩猩死亡的罪魁祸首。这种疾病的死亡率高达 80% 至 90%。

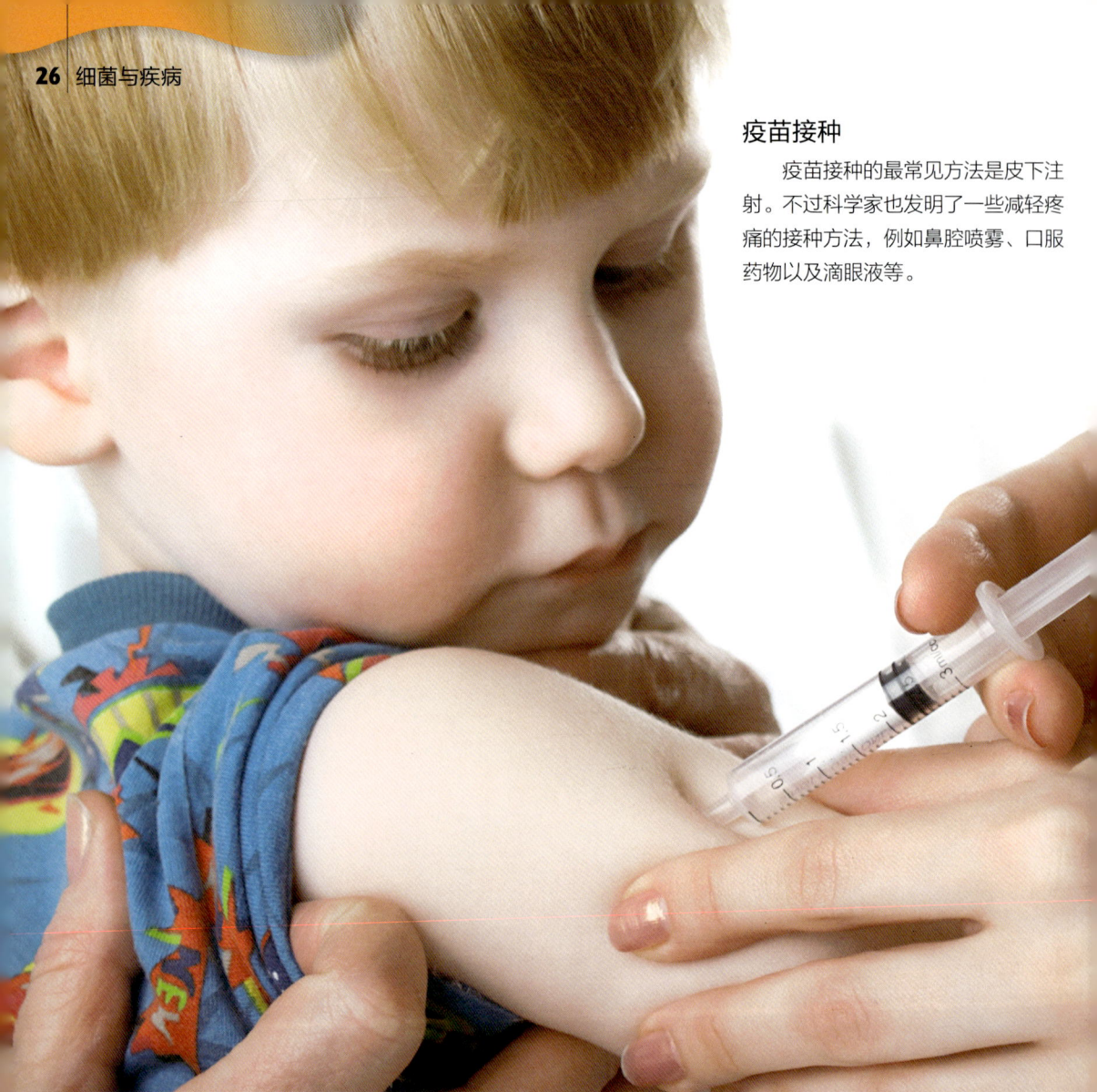

疫苗接种

疫苗接种的最常见方法是皮下注射。不过科学家也发明了一些减轻疼痛的接种方法，例如鼻腔喷雾、口服药物以及滴眼液等。

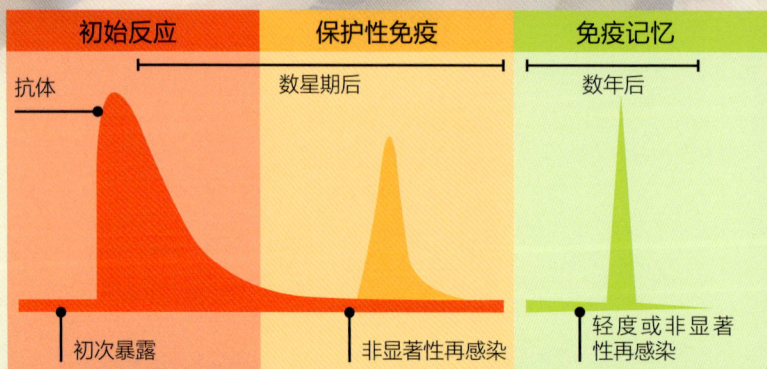

初始反应	保护性免疫	免疫记忆
抗体	数星期后	数年后
初次暴露	非显著性再感染	轻度或非显著性再感染

接种后的免疫反应

在机体第一次接触疫苗后，免疫反应会使身体产生一种叫做抗体的蛋白质。数星期之后，抗体可以结合到致病的微生物上，最后消灭它们。同时，机体会产生一种记忆细胞，可以在血液中存在很多年，准备应对以后同样的微生物感染。

疫苗和免疫接种

法国微生物学家路易·巴斯德在对细菌进行研究中，偶然发现了霍乱疫苗。当他给鸡注射了少量的霍乱菌后，鸡并没有得霍乱，而是产生了免疫力，这一过程被叫做免疫接种。当人或动物输入了经过灭活的病原体微生物时，机体便会对这种疾病产生免疫能力。当机体再次遇到同类的微生物感染时，就可以做好准备，抵抗感染。

研发疫苗

科学家们首先分离出病原微生物，并将其灭活。但是微生物依然保留有它的抗原特性，因此可以激发机体产生免疫反应。除此之外，研究者还可以降低病原微生物的活性，例如改变它的生长特点，再制作成疫苗。

抗生素

抗生素是可以杀死细菌和真菌的药物，不同的病原微生物可以用不同的抗生素杀死。在 20 世纪 40 年代，抗生素首次被用于疾病治疗，拯救了许多人的生命。但是这么多年以来，某些细菌已经对抗生素产生了耐药性，使得抗生素对某些疾病和感染的疗效降低了。

你知道吗？

抗生素（antibiotics）一词来源于希腊文，anti 指"对抗"，bios 指"生命"。细菌是一种生命形式，而病毒则不是。

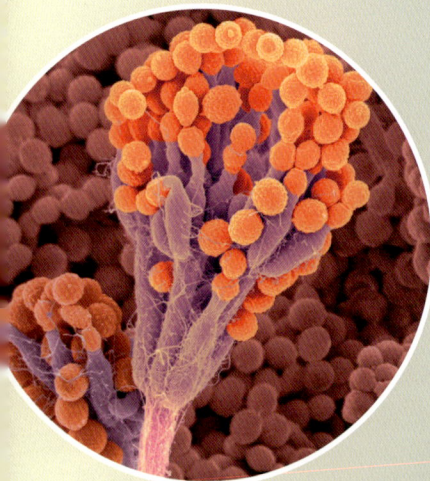

抗生素开始行动

抗生素进入血液中，与有害的病原细菌展开战斗。每一种抗生素都具有选择性，它们会进攻和消灭特定的细菌。然而，抗生素不能杀死病毒，因为病毒并不是一种生物体。

常规用药

抗生素只能在必要的情况下使用，这一点非常重要。如果使用抗生素过于频繁，细菌会产生耐药性，使得抗生素不能再有效地杀死病原菌，治愈疾病。

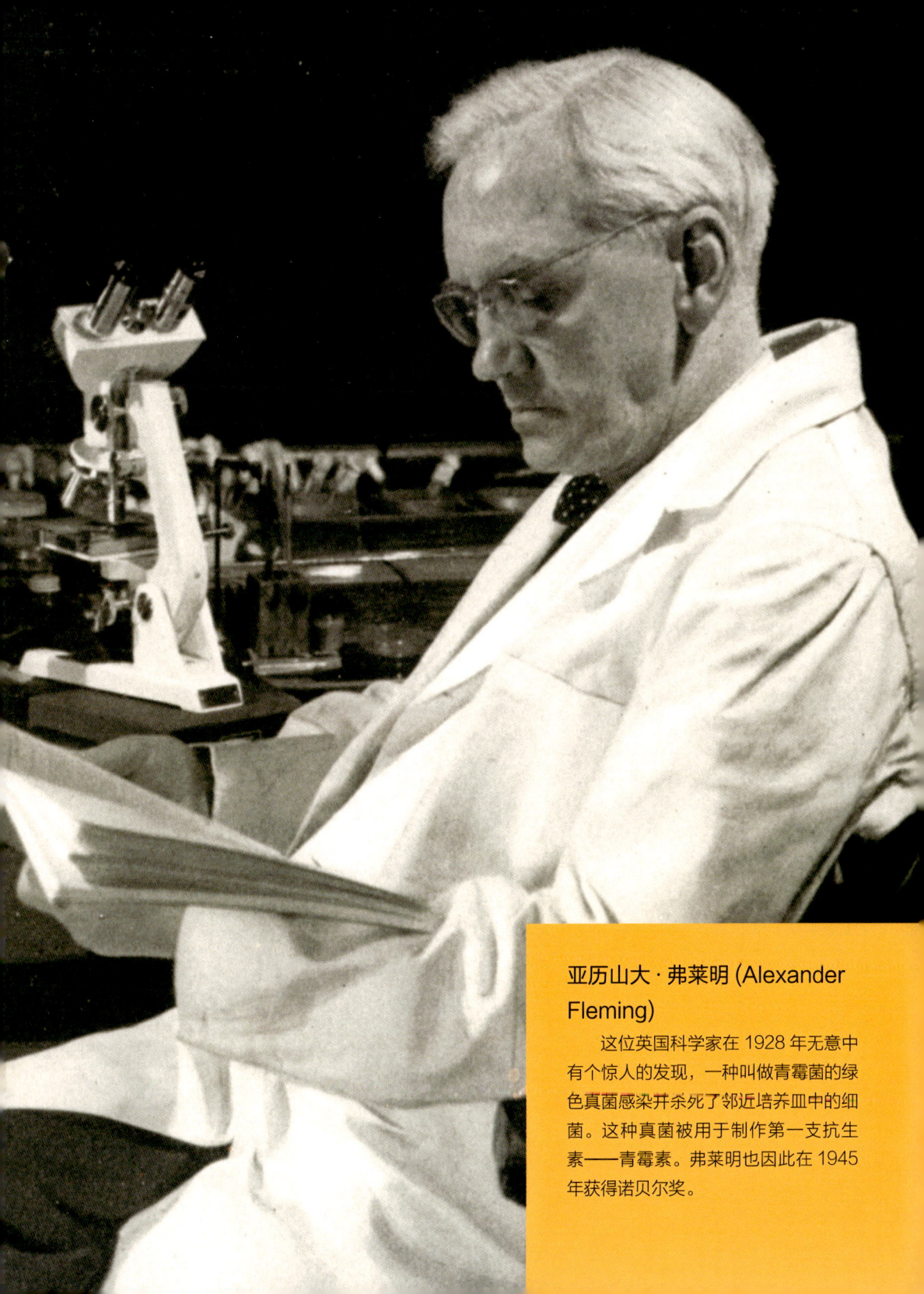

亚历山大·弗莱明 (Alexander Fleming)

　　这位英国科学家在 1928 年无意中有个惊人的发现，一种叫做青霉菌的绿色真菌感染并杀死了邻近培养皿中的细菌。这种真菌被用于制作第一支抗生素——青霉素。弗莱明也因此在 1945 年获得诺贝尔奖。

培养自己的细菌

我们周围处处都有细菌。它们在土壤、垃圾、水、植物甚至我们自己体内都可以生长。幸亏强大的免疫系统时刻保护着我们免遭细菌的危害，保护我们的健康。下面介绍一种方法，来培养我们自己的细菌。

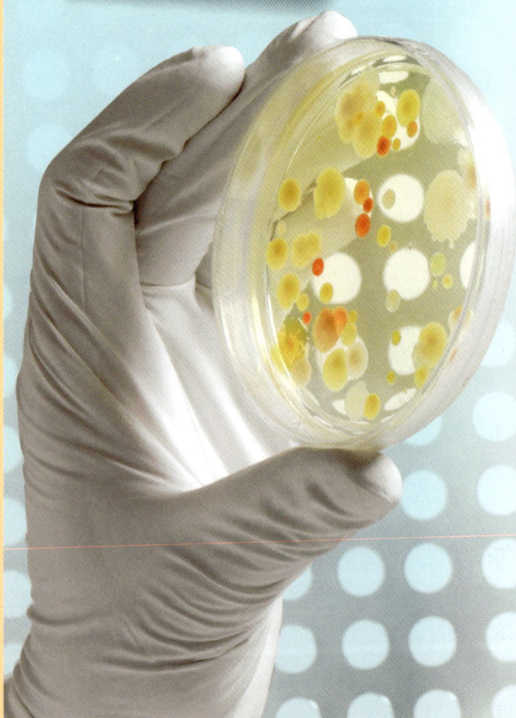

培养步骤：

1 准备含有琼脂培养基的培养皿，琼脂是一种在科学实验室中使用的胶状物质。

2 用棉签在家中任何你认为可能存在病菌的表面擦抹，收集细菌样本。

3 将棉签在琼脂培养基上涂抹，并轻击几下，盖上盖子，将培养皿密封。

4 将培养皿在温暖的地方放置 2~3 天。

5 每天观察培养基里细菌的生长，在纸上记录下培养皿里的变化，你看到了什么样的结果呢？

6 重复这个步骤，不过这次可以从自己的指甲或者脚趾间收集细菌样品。

7 用旧报纸将培养皿包裹好，再将培养基丢到垃圾桶里；注意培养皿的盖子要一直盖好。

我们会看到什么现象？

琼脂培养基和温暖的环境是细菌生长的极佳条件。培养基上的细菌会长出一个个单菌落，每个菌落的细菌都与最原始的那一个相同。细菌会稳定地生长，不久，我们就可以在培养基上用肉眼观察到结果。不同的取样会看到不同的结果。从你自己身体取到的样品会长成什么样？我们来试试看吧。

知识拓展

过敏 (allergy)

　　机体接触花粉等过敏原而产生的反应。

抗生素 (antibiotics)

　　医生开出的处方药物，用以治疗体内相应的感染。

动脉 (arteries)

　　弹性血管。可以将血液从心脏处输送至身体各处的细胞、组织以及器官。

细菌 (bacteria)

　　一种单细胞无核生物体。

血凝块 (blood clot)

　　血液聚集、凝固形成的块状物质。

细胞 (cell)

　　所有有机体最基本的结构和功能单元。

免疫系统 (immune system)

　　保护机体抵御病原体感染和疾病的系统。

感染 (infection)

　　传染性疾病通过病原微生物进入体内致病的过程。

炎症 (inflammation)

　　身体组织对外界伤害或者感染产生的保护性反应，主要特征有疼痛、红肿等。

流感 (influenze)

　　流行性感冒，一种严重的，可以在人与人之间快速传播的传染病。

白细胞 (leukocytes)

　　也被称为白血细胞，帮助身体抵御感染。

巨噬细胞 (macrophage)

　　白细胞的一种，可以吞噬细菌。

微生物 (microbe)

　　一种微小的肉眼无法观察到的生物体。

显微镜 (microscope)

　　用以观察微小物体例如微生物的科研仪器。

器官 (organs)

　　体内由不同细胞、组织组成的结构，各具不同的特定功能。

瘟疫 (plague)

　　任何一种具有高死亡率，大规模流行的疾病。

温度计 (thermometer)

　　用于测量温度的仪器。

组织 (tissue)

　　组成器官的结构，由结构和功能相似的细胞组成。

疫苗 (vaccine)

　　帮助机体预防传染病的药物。

静脉 (veins)

　　体内呈网络系统的血管，将身体各处的血液运送回心脏。

病毒 (virus)

　　一种微小的具有感染性的非细胞型微生物，只能寄生在其他生物体的细胞内自我复制。

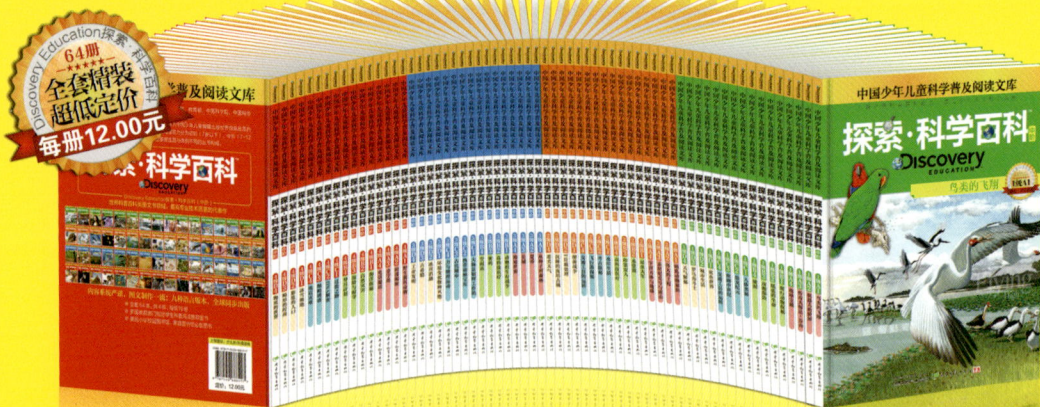

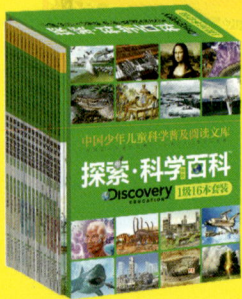

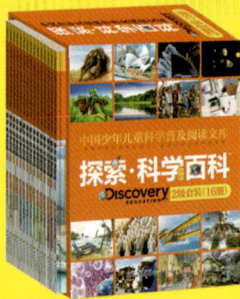